Sören Jensen

Die Lüneburger Heide - Entstehung durch Natur und Kultur

Die Lüneburger Heide - Entstehung durch Natur und Kultur

GRIN - Verlag für akademische Texte

Der GRIN Verlag mit Sitz in München hat sich seit der Gründung im Jahr 1998 auf die Veröffentlichung akademischer Texte spezialisiert.

Die Verlagswebseite www.grin.com ist für Studenten, Hochschullehrer und andere Akademiker die ideale Plattform, ihre Fachtexte, Studienarbeiten, Abschlussarbeiten oder Dissertationen einem breiten Publikum zu präsentieren.

Dokument Nr. V192359 aus dem GRIN Verlagsprogramm

Sören Jensen

Die Lüneburger Heide - Entstehung durch Natur und Kultur

GRIN Verlag

Die Lüneburger Heide - Entstehung durch Natur und Kultur

Bibliografische Information der Deutschen Nationalbibliothek: Die Deutsche Bibliothek verzeichnet diese Publikation in der Deutschen Nationalbibliografie; detaillierte bibliografische Daten sind im Internet über http://dnb.d-nb.de/ abrufbar.

1. Auflage 2012
Copyright © 2012 GRIN Verlag
http://www.grin.com/
Druck und Bindung: Books on Demand GmbH, Norderstedt Germany
ISBN 978-3-656-17335-9

UNIVERSITÄT FLENSBURG – INSTITUT FÜR GEOGRAPHIE UND IHRE
DIDAKTIK

Die Lüneburger Heide

Entstehung durch Natur und Kultur

Sören Jensen
20.02.2012

Seminar:

Physische Geographie: Geomorphologie von Deutschland

Wintersemester 2011/2012

Inhalt

Einleitung

„Mit dem Begriff der Lüneburger Heide verbinden viele Menschen unwillkürlich ein ganz bestimmtes Landschaftsbild: weite rosarot blühende blühende Heideflächen ziehen sich über ein sanft bewegtes Gelände dahin, nur unterbrochen von sommerheißen Sandwegen, Birkenalleen und malerischen Wacholdergruppen. Bienengesumm erfüllt die Luft und Schnuckenherden streben ihren heidplaggengedeckten Ställen zu. Kulissenartig angeordnete Waldstücke im Hintergrund verleihen dieser Landschaft den Charakter eines großen Parkes." (VÖLKSEN 1984:7).

Dieses Zitat von VÖLKSEN beschreibt die Lüneburger Heide, wie sie vom Tourismus angepriesen wird. Es stellt eine bezaubernde atemberaubende Landschaft dar. Aber wie ist diese Landschaft eigentlich entstanden?

Ich versuche in dieser Hausarbeit dieser Frage nachzugehen, und gebe zunächst einen Definition zu den Begriffen „Geomorphologie" und „Heide" an, gebe anschließend einen groben Überblick zur Lage und Abgrenzung der Lüneburger Heide und befasse mich dann mit der Entstehung dieser Region. Ich wende mich dabei zunächst auf die eiszeitlichen Faktoren und befasse mich danach mit dem Einfluss des Menschen auf dieses Gebiet.

1. Was ist Geomorphologie?

„Geomorphologie ist die Wissenschaft von den Oberflächenformen der Erde"
(LESER 2003:14).

Sie ist ein Teilgebiet der Physischen Geographie und beschäftigt sich mit
dem Georelief, das heißt sie setzt sich mit den Landformen der Erde, deren
Gestalt, der Anordnung im Raum und deren Entwicklung auseinander (vgl.
BAUMHAUER 2006:1, LESER 2003:8). Im Mittelpunkt dieser Wissenschaft
stehen die Formbildungsprozesse, welche durch natürliche, aber auch durch
anthropogene Einwirkungen sich verändern (LESER 2003:14).

2. Zum Begriff der Heide

Das Wort „Heide" ist ein volkstümlicher Ausdruck und geht auf den
althochdeutschen Begriff „heida" zurück. Er ist mit dem englischen „heath"
und dem schwedischen „hed" sprachlich verwandt. Früher verstand unter
„Heide" das ganze Land ohne bebauten menschlichen Wohnplatz, später
wurde „Heide" auf das unbebaute Land eingeschränkt und drückte soviel wie
„Einöde" aus. (GRUPPE 1979:17)

3. Lage und Abgrenzung der Lüneburger Heide

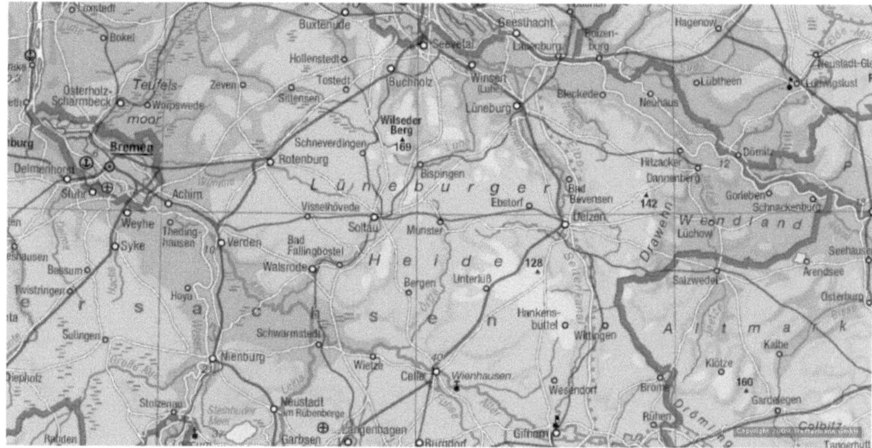

Abbildung 1: Lage der Lüneburger Heide (physisch) Quelle: Diercke Globus Online 2009

Die Lüneburger Heide gehört zu den nordwestdeutschen Heidegebieten. Sie ist eine reich gegliederte Diluviallandschaft, die sich als niedriger Landrücken zwischen der Stader Geest im Westen und der Altmark im Osten, sowie im Norden durch das Urstromtal der Elbe und im Süden durch das Urstromtal der Aller begrenzt wird (VÖLKSEN 1984:8).

Das Gebiet ist ein Altmoränengebiet , welches bis auf 169m ansteigt und etwa 7500 Quadratkilometer umfasst. Sie enthält den Naturschutzpark Lüneburger Heide und den Naturpark Südheide. Etwa ¼ der Gesamtfläche liegt über 80 Metern Höhe, Höhenunterschieder von 50 Metern auf engstem Raum sind keine Seltenheit (SCHROEDER-LANZ 1964:6).

Eine genaue und eindeutige Abgrenzung des Gebietes ist problematisch und sehr schwierig, da der Begriff „Lüneburger Heide" auf volkstümlichen Überlieferungen beruht und ursprüglich nicht geographisch festgelegt war.

Die Begrenzungen, wie sie in der Abbildung 2 eingezeichnet sind, ergeben sich aus der „Naturräumlichen Gliederung Deutschlands", die von den natürlichen Landschaftsfaktoren, wie das Relief, die Geologie, der Boden, das Klima und der Vegetation ausgeht und somit eine Differenzierung unterschiedlich strukturierter Landschaftsraumeinheiten erlaubt. Somit lässt sich die Lüneburger Heide in fünf Teillandschaften zusammensetzen, welche

wie folgt lauten: Hohe Heide, Südheide, Ostheide, Luheheide, Uelzener Becken (VÖLKSEN 1984:8).

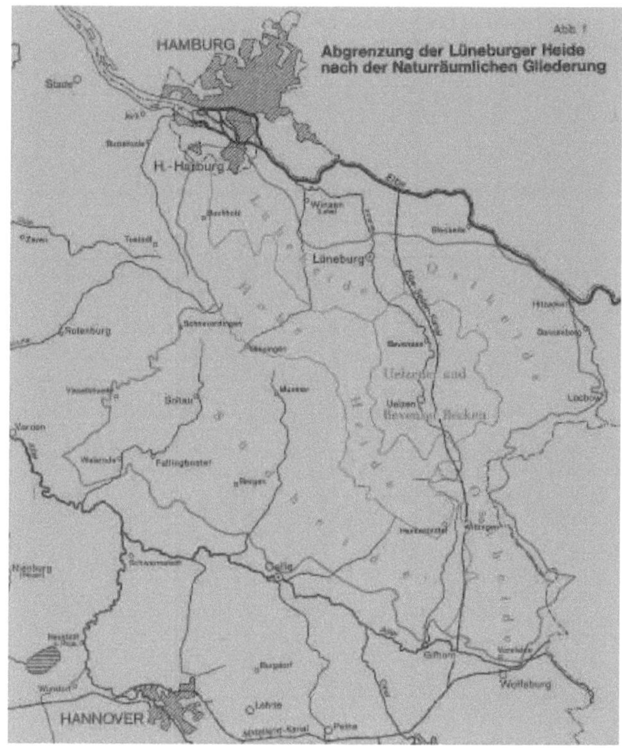

Abbildung 2: Die fünf Teillandschaften der Lüneburger Heide Quelle: Völksen 1984:9

4. Enstehung der Lüneburger Heide

4.1 Die Lüneburger Heide - Eiszeitlich geprägt

Das Norddeutsche Tiefland, welches die Lüneburger Heide mit einschließt, ist fast ausschließlich quartären Alters. Die entscheidenden Reliefprägung hat dieses Gebiet durch das Inlandeis erhalten, welches von Skandinavien kommend bis zu den Mittelgebirgen vorgestoßen ist. Die wesentlichen Formelemente sind zum größten Teil direkt oder indirekt durch Eiszeiten entstanden (LIEDTKE 1981: 123).

In der Lüneburger Heide, sowie in allen Altmoränengebieten, sind die Eisrandlagen nur sehr undeutlich ausgeprägt, obwohl die Vereisung dieses Gebietes nicht mehr als 150 000 – 170 000 Jahre zurückliegt. Aufgrund dessen gibt es viele verschiedene Auffassungen über

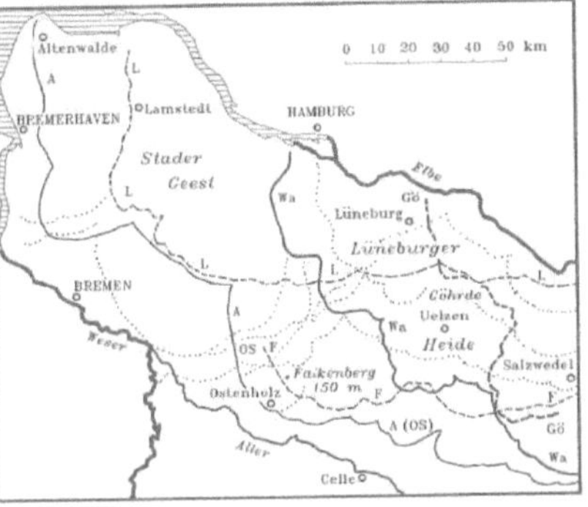

Abbildung 56
Saalezeitliche Eisrand-
lagen zwischen
Bremerhaven und
Salzwedel
(nach LÜTTIG 1968 und
EHLERS 1990a, vereinfacht)

Abgesehen von einigen völlig abweichend verlaufenden, hier punktierten Eisrandlagen, unterliegt selbst der Verlauf der Endmoränenzüge, die als gesichert gelten, in der Lüneburger Heide einer erheblichen Schwankungsbreite von oft mehreren Kilometern. Dagegen sind im Norden der Stader Geest die Altenwalder und Lamstedter Eisrandlagen als schmale Stauchendmoränen gut erkennbar. Die Altenwalder Endmoräne wird aufgrund der Richtungseinregelungen neuerdings mit der Ostenholzer Staffel verbunden (EHLERS 1983), wie oben in Abweichung zu LÜTTIG (1968) gezeigt.

– – –	Eisrandlagen
....	Sonstige Auffassungen über den Verlauf von Eisrandlagen
Gö	Göhrdestaffel
Wa	Warthestadium S III
L	Lamstedter Staffel; von Saale II (Altenwalder Stadium) überfahren oder zur Abschmelzzeit von S II entstanden
F	Falkenbergstaffel; Abschmelzzeit S II
A	Altenwalder Stadium (Ostenholzer Staffel OS) S II; bildet den weitesten Vorstoß des identischen Niendorfer Stadiums S II. Davor liegt das Abschmelzgebiet des Drenthestadiums S I.

Abbildung 3: Die Saalezeitliche Eisrandlage zwischen Bremerhaven und Salzwedel nach Lüttig und Ehlers Quelle: Semmel 1984

verschiedene Auffassungen über den Verlauf der Eisrandlagen(SEMMEL 1984:308). In der Abbildung 3 wurden diese zusammengefasst.

Während der Weichsel-Vereisung überschritten die Gletscher die Elbe nicht mehr (LIEDTKE 1981:124), was somit impliziert, dass die Lüneburger Heide somit nicht mehr vom Weichsel-Eis erreicht worden ist. Das Relief dieses

Gebietes haben ältere Eisvorstöße, deren Zahl im einzelnen nicht feststeht, geformt. Morphologisch bedeutsam sind hier eine ganze Reihe von Endmoränenzügen, welche ausnahmslos als Bildungen der Saale-Eiszeit angesehen werden. Ältere Oberflächen-Formen glazigener Entstehung sind in der Lüneburger Heide bisher nicht zweifelsfrei nachgewiesen. Jedoch sind für den Untergrund in diesem Gebiet vor allem elsterzeitliche tiefe glaziäre Rinnen von Bedeutung.

Westlich der Weichsel-Endmoränen finden sich im Schleswig-Holstein an verschiedenen Stellen Reste älterer Endmoränen, die in der Regel der Warthe-Vereisung zugeordnet werden. Diese Formen gehen südlich der Elbe in den Höhenrücken der Schwarzen Berge bei Harburg über und setzen sich bis in die nördliche Lüneburger Heide fort (LIEDTKE 1981:127), wie in der Abbildung 4 zu erkennen ist:

Wie ebenfalls aus der Karte zu erkennen ist wurde die Lüneburger Heide während des Saale-Komplex dreimal mit Eis bedeckt. Allgemein wird hier in drei Schritten unterteilt. In die in Fuhne-(Mehlbek-)Kaltzeit, in die Dömnitz-(Wacken-)Warmzeit, sowie in die Saale-Kaltzeit. Während der Saale Kaltzeit unterscheidet man noch die zwei großen Eisvorstöße Drehnte und Warthe.

Während der Fuhne-Mehlbek-Kaltzeit kam es zu einer

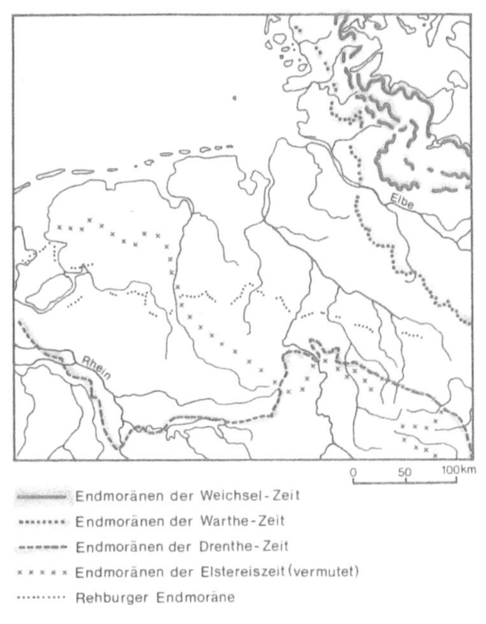

Abb. 48: Endmoränenlagen in Nordwest-Deutschland (nach Liedtke 1981, verändert).

Abbildung 4: Endmoränenlage in Nordwest-Deutschland Quelle: Liedtke 1981

Entwaldung des Gebietes , durch die Gletschermassen. In der Dömnitz-Wacken-Warmzeit wurde das Gebiet erneut bewaldet, wobei

8

während der Saale-Kaltzeit hier eine tundrenartige Vegetation vorherschte, und das Gebiet, wie bereits angesprochen von den beiden Eisvorstößen Drehnte und Warthe gekennzeichnet wurde. (SEEDORF 1977: 96ff.)

Die Hohe Heide ist die ausgeprägteste Eisrandlage, und gilt als „äußerste Warthe-Endmoräne, welche wahrscheinlich schon vor dem Drehnteeis vorgeformt wurde. Sie erstreckt sich von den Harburger Bergen, den Hanstedter Bergen, dem Wilseder Berg (169 Meter über NN) als höchste Erhebung, den Raubkammerhöhenund den Wierener Bergen südlich von Uelzen weiter nach Südosten. Sanderflächen sind diesem Endmoränenzug vorgelagert und dehnen sich bis 20km vor den ehemaligen Eisrand aus. Die Täler in dieser Region sind ehemalige Abflussbahnen des Schmelzwassers und münden in das Aller-Weser-Urstromtal (SEEDORF 1977:96).

Die Südheide setzen sich aus Altmoränenplatten der Saaleiszeit, welche in 80 bis 120 Metern über NN. Die Oberfläche enthält kaum Geschiebelehm, sonder sandig-kieselige Böden.Es handelt sich hier um weitläufige Sanderflächen. Auffälige Oberflächenformen dieses Gebietes sind verschiedene vermoorte Becken und Tümpel, welche unterschiedlicher Entstehung sind. Zum Teil sind dies wohl Toteislöcher oder Pingos (Eisanreicherungen im Dauerfrostboden) der Periglazialzeit, sowie zum Teil sicher auch Windausblasungsmulden (Schlatts), wie benachbarte Dünen vermuten lassen. Der bekannteste Sander ist der sogenannte „Munsterer Sander", welcher von der Haupteisrandlage des Warthestadiums von Nordosten als schiefe Bahn aufgeschüttet wurde (SEEDORF 1977:104)

Das Uelzener Becken ist ein eiszeitliches Gletscherzungenbecken. Hier folgen „wie aus dem Lehrbuch" aufeinander die Grundmoränenfläche (Beckenboden in 50 bis 60 Metern über NN), ein gebuchteter Endmoränenkranz (mit Höhen bis zu 130 Metern über NN), sowie verschiedene Sanderflächen im Süden und das Aller-Urstromtal. Die äußeren Staffeln des Endmoränenkranzes sind wahrscheinlich schon während des Drehntestadiums der Saaleeiszeit angelegt worden. Die inneren Staffeln mit hohen Stauch- und Endmoränenhöhen, sowie die Nebenbecken von Suderburg und Stadensen sind erst während des Warthestadiums geschaffen worden. Während der Weichseleiszeit, als das

Gebiet im Periglazialbereich lag, wurden durch Solifuktion und Abspülung die Endmoränenhöhen wesentlich erniedrigt. Durch diese Faktoren wurde der Beckenboden ebenfalls um etwa 10 Metern abgetragen, was trockene Dellen, Flachmuldentälchen und steilhängige Trockentäler erkennen lassen. Diesem Abtrag ist auch zuzuschreiben, dass das Beckeninnerenicht weitflächig übersandet ist (SEEDORF 1977:116)

4.2 Einfluss des Menschen auf die Lüneburger Heide

4.2.1. Die Heidelandschaft in vor- und frühgeschichtlicher Zeit

Als die eiszeitlichen Gletscher abzuschmelzen begannen und sich eine Tundrenlandschaft in Mitteleuropa ausbreitete, griff der Mensch bereits bis zu einem gewissen Grade in die Entwicklung dieser Region ein. Erste Spuren einer Besiedlung durch Rentierjäger lassen sich ca. 50.000 Jahre zurückverfolgen. So kann man sagen, dass es eine völlig unberührte „Urlandschaft" gerade in den norddeutschen Geestgebieten nach der Eiszeit vermutlich nie gegeben hat.

Spätestens mit dem Beginn der jüngeren Steinzeit (ca. 4500 v. Chr.) nahm der bis dato unbedeutende landschaftsverändernde Einfluss des Menschen erheblich zu. So entstanden erste primitive Formen des Waldackerbaus und der Viehzucht, welche die vorhandenen Laub-Mischwaldgesellschaften merklich zu verändern. Das Weidewachstum wurde durch die Beweidung und die Rodung sehr begünstigt. So nahm die Expansion der Zwergstrauchheide auf Kosten des Waldes hier ihren Anfang (VÖLKSEN 1984:12)

In der Bronzezeit (ca. 1500 v. Chr.) war die Zwergstrauchheide ein wesentlicher Bestandteil der Pflanzendecke in der Lüneburger Heide. Bereits in der Eisenzeit, also 500 v. Chr. Waren schon nennenswerte Teile Nordwestdeutschlands von Heide bedeckt. Indizien zur betriebenen Viehzucht geben archäologische Funde von Rinder- und Schweineherden, Ziegen, sowie Schafen und Pferden.(VÖLKSEN 1984:13)

Die Eingriffe des Menschen in der vor und frühgeschichtlichen Zeit haben die Vegetation der Lüneburger Heide zwar beträchtlich verändert, jedoch war der Charackter dieser Landschaft weiterhin ein von Laubmischwäldern geprägt.

Im Verlauf des Mittelalters dehnten sich die Heideflächen jedoch so stark aus, dass dies zum Charakteristikum der Lüneburger Heide wurde. Durch wachsenden Bevölkerungsdruck und zunehmenden Landhunger kam es in ganz Mitteleuropa zu einer bedeutenden Landschaftsveränderung. Besonders in der Zeit zwischen 950 und 1300 ist durch starke Rodungsaktivität gekennzeichnet, welche die Waldflächen Mitteleuropas auf etwa die Hälfte des ursprünglichen Bestandes reduzierten. Von dieser Entwicklung war auch die Region der Lüneburger Heide gekennzeichnet. (VÖLKSEN 1984:15)

Die extensive Waldbeweidung hatte in dieser Zeit mit den größten Einfluss des Menschen auf diese Region. Trotz der für den Baumwuchs günstigen ozeanischen Klimaverhältnisse im norddeutschen Raum hatte die Jahrhundert andauernde Beweidung schwerwiegende Folgen, da das Weidevieh /Rinder, Pferde und Schafe) nicht nur älteres Gehölz verbiss, sondern auch den Jungwuchs der meisten Baumarten radikal vernichtete.

Ein ebenfalls wichtiger Faktor zu Landschaftsveränderung war, dass die Bauern in der Lüneburger Heide, damit schon sehr früh begonnen aus den Wäldern und Heiden die Bestandabfälle, wie Rohhumus, Laub und Nadelstreu, zu entfernen, um damit ihre Ackerflächen zu düngen. (VÖLKSEN 1984:16)

Durch den andauernden Entzug von Streu und organischer Substanz wurde bewirkt, dass dem Stoffkreislauf des Waldes wichtige Minerale entzogen wurden. Dies führte das die Böden erschöpft und ausgezehrt waren und eine allmähliche Degeneration der Waldbestände eintrat. Durch den nun schutzlosen Boden fand die lichthungrige und anspruchslose Besenheide eine imense Ausbreitung.

Weiter ist zu sagen, dass durch die wachsende Bedeutung der Weberindustrie und der rapide ansteigenden Preise von Wolle, in der Lüneburger Heide vermehrt Schafzucht betrieben wurde. Dieser Faktor hemmte die Regeneration der Waldes zusätzlich, sodass die Böden noch sandiger und nährstoffärmer wurden. Die Schafzucht wurde zum unverzichtbaren Element der bäuerlichen Wirtschaft. Die Heidschnucken, wie die Rasse heißt, welche der Lüneburger Heide perfekt angepasst ist, hielten Baumwuchs dauerhaft fern und hinterließen den typischen Sandtrockenrasen, welcher sich zu einer geschlossenen Besenheidenbestand weiterentwickelte.

Die Salzgewinnung in dieser Region, welche Unmengen an Holzvorräte verschlang, tat ihr übriges zur Versandung der Lüneburger Heide. (VÖLKSEN 1984:17f.)

4.2.3. Landschaftsverändernde Einflüsse zur Beginn der Neuzeit

Im 30-jährigen Krieg wurde die Zerstörung des Waldes weiter fortgesetzt und brachte kein Ende dieser Entwicklung mit sich. Später machte sich der Nutzfloßhandel einen Namen und trugen weiterhin zur Rodung der Wälder bei. Es wurde jedoch erkannt, dass dieser Handel stark waldvernichtend war, da Wanderdünen und Sandverwehungen Städte, wie beispielsweise Celle, bedrohten. Durch Kiefernanpflanzungen wurde versucht dem entgegenzuwirken. (VÖLKSEN 1984: 20)

Etwa Mitte des 18. Jahrhunderts hatte die Heidevegetation, vermutlich ihre größte Ausdehnung erreicht (VÖLKSEN 1984:21).

4.2.4. Die Heidewirtschaft und ihr landschaftsprägender Einfluss

„Die Heidewirtschaft beruhte auf einem diffizilen Siedlungs- und Wirtschaftsgleichgewicht, dass sich im Laufe der Zeit unter den extremen, vom Menschen verursachten ökologischen Bedingungen der Heidelandschaft herausgebildet hatte. Sie war inbesondere durch zwei

Merkmale gekennzeichnet: einen kontinuierlichen, relativ kleinflächigen Getreideanbau (hauptsächlich Winterroggen), der auf den mageren Sandböden eine regelmäßige Düngung verlangte, und eine hohe Viehhaltung bei kanpper Futtergrundlage."(VÖLKSEN 1984:22)

Neben der Viehhaltung, sprich der Haltung von Heidschnucken, war die Imkerei ein wesentlicher Bestandteil für die Bauern in der Lüneburger Heide. Schafhaltung und Imkerei standen in einer ökologischen Wechselbeziehung und begünstigten sich gegenseitig. Die Schafe verletzten durch das abfressen von Heide die Rohhumusdecke und durch die Bienen welche den Samen von Heidepflanzen mit sich trugen schufen so ideale Keimungsbedingungen, was zu einer Verjüngung des Vegetation führte.

Die Heide bot nicht nur den Bienen und den Scahfen eine Lebensgrundlage, sondern lieferte ebenso einen wesentlichen Teil der nährstoffe, welche den mageren Äckern zugeführt werden mussten. So entstand die sogenannte Plaggenwirtschaft (siehe Infobox)

Da durch diese Art von Ackerbewirtschaftung dem Boden immer mehr Nährstoffe entzogen worden sind, konnte dieser sich nicht erholen, was dazu führte, dass die Böden noch unfruchtbarer wurden. Weiter führte dies zu Erosionen und Versandungen (VÖLKSEN 1984:22ff).

Ende des 19. Jahrhunderts begann ein Umdenken. Der Strukturwandel in der Landwirtschaft war soweit fortgeschritten, dass 1876 beschlossen wurde die Lüneburger Heide aufzuforsten, da die Landwirtschaft in dieser Region nicht mehr gewinnbringend genug war. Dies wurde über Jahre hinweg durchgeführt, sodass heute etwa 35% der Fläche bewaldet sind. (vgl. VÖLKSEN 1984:34ff., PETERSEN-FREY 1996:8)

In der Heutigen Zeit wird versucht die Landschaft, wie sie zur Zeiten der Heidebauern in der Mitte des 18. Jahrhunderts war zu erhalten. Im Naturpark Lüneburger Heide wird heute noch nach dieser Art Ackerbau betrieben. (GRUPE 1979:2)

Heute verdient den Namen „Heide" als einziges Gebiet in der Lüneburger Heide nur der Naturschutzpark, da fast alles anderen Gebiete nicht mehr dem entsprechen was sie früher waren. (SEEDORF 1977:98)

Die Lüneburger Heide ist eine Region Deutschlands, welche sowohl von geologischen Prozessen, wie auch vom Einfluss des Menschen geformt wurde. Man kann sagen, dass dieses Gebiet mehr eine Kulturlandschaft, gerade auch wegen der Heidebauern, als eine Naturlandschaft darstellt.

Anders als andere Teile Norddeutschlands findet sich hier ein Altmoränenland, welches durch zahlreiche Prozesse in der Geschichte der Besiedlung geprägt wurde. Über den großen Bedarf von Holz im Mittelalter, bis zur heutigen Nutzung als Truppenübungsplatz, wurde beziehungsweise wird der Lüneburger Heide eine komplette Regenerierung stark erschwert. Mit dem eingerichteten Naturschutzpark soll die Kulturlandschaft „Lüneburger Heide" erhalten bleiben und für die Nachwelt konserviert werden.

Literaturverzeichnis

BAUMHAUER, R. (2006), HAAS, H. (Hrsg.): Geomorphologie. Darmstadt: Wissenschaftliche Buchgesellschaft.

GRUPE, H. (1979²): Unser Naturschutzpark in der Lüneburger Heide.Naturschutz und Erziehung. Stuttgart: Verlag des Vereins Naturschutzpark e.V.

LESER, H. (2003⁸), DUTTMANN ET AL.(Hrsg.): Geomorphologie. Braunschweig: Westermann Schulbuchverlag.

LIEDTKE, H. (1981²): Die Nordischen Vereisungen in Mitteleuropa. Trier: Zentralausschuss für deutsche Landeskunde.

PETERSEN-FREY, T. (1996): Holzpflanzungen in der Lüneburger Heide, östlich von   Schneverdingen – eine forstgeographische Studie. In: Thannheiser, D. (Hrsg.): Hamburger Vegetationsgeographische Mitteilungen. Hamburg: Institut für Geographie Universität Hamburg.

ROTHER, N. (2012): Karte und Text. Url: <http://norbertrother.bplaced.net/wilsederberg/plaggen.html> Zugriff: 16.2.2012

SCHROEDER-LANZ, H. (1964): Morphologie des Estetales. Ein Beitrag zur Morphogenese der Oberflächenformen im nördlichen Grenzgebiet zwischen Stader Geest und der Lüneburger Heide. In KOLB, A. & OBERBECK, G. (Hrsg.): Hamburger geographische Studien Heft   18. Hamburg: Institut für Geographie und Wirtschaftsgeographie.

SEEDORF, H. (1977),NIEDERSÄCHSISCHES LANDESVERWALTUNGSAMT (Hrsg.): Topografischer Atlas Niedersachsen und Bremen. Neumünster: Karl Wacholtz Verlag.

SEMMEL, A. (1984⁴): Geomorphologie der Bundesrepublik Deutschland. Grundzüge, Forschungsstand, aktuelle Fragen – erötert an ausgewählten Landschaften. Stuttgart:Fritz Steiner Verlag Wiesbaden.

VÖLKSEN, G. (1984): Die Lüneburger Heide. Entstehung und Wandel einer Kulturlandschaft. Göttingen: Kommisionsverlag Göttinger Tageblatt Gmbh & Co.